# 石油工程行为风险控制手册

李建林　郑　斌　周　浩　等编

石油工业出版社

## 内容提要

本书建立了石油服务企业员工安全生产违章行为管理的程序，按照违章性质和后果，建立了物探、钻井、试油(气)、录井、油气地面建设、交通运输、后勤车间等专业的违章风险分级标准，对于石油服务企业违章管理具有较强的参考作用。

本书可作为石油相关专业的安全管理人员、监督管理人员、生产管理人员和操作员工培训学习用书。

**图书在版编目(CIP)数据**

石油工程行为风险控制手册/李建林等编.
北京:石油工业出版社,2013.6
ISBN 978-7-5021-9600-4

Ⅰ.石…
Ⅱ.李…
Ⅲ.石油工程-风险管理-手册
Ⅳ.TE-62

中国版本图书馆CIP数据核字(2013)第107840号

---

出版发行:石油工业出版社
(北京安定门外安华里2区1号　100011)
网　址:http://pip.cnpc.com.cn
编辑部:(010)64523535　发行部:(010)64523620
经　销:全国新华书店
印　刷:北京中石油彩色印刷有限责任公司

2013年6月第1版　2013年6月第1次印刷
787×1092毫米　开本:1/64　印张:2.125
字数:36千字　印数:1—12000册

定价:12.00元
(如出现印装质量问题,我社发行部负责调换)

# 前　言

为进一步强化管理，规范石油服务企业员工操作行为，加大违章查纠处罚力度，依据《中华人民共和国安全生产法》、《中国石油天然气集团公司反违章禁令》等法律法规、规章制度，特编制《石油工程行为风险控制手册》。本手册主要包括了《安全生产违章行为管理办法》和《常见违章行为风险分级标准》两部分。《安全生产违章行为管理办法》进一步完善了违章处理标准，细化了违章处理程序，规范了处罚资金管理，明确了对违章人员给予扣分、罚款、停工培训、停产整顿等处罚，情节严重的给予警告、记过处分。《常见违章行为风险分级标准》收集了物探、钻井、试油（气）、录井、油气地面建设、交通运输、后勤车间等专业的常见违章行为，按照违章行为类别和造成后果严重程度，对违章行为进行风险评估，建立了各专业的违章行为风险分级标准。

本手册对于石油服务企业查纠违章行为具有较强的指导作用，书中涉及的安全监督机构以中国石油川庆钻探工程公司（下称公司）为例，其他单位从事石油相关专业的安全管理人员、监督人员、生产管理人员及岗位操作员工可参考使用。

本书《安全生产违章行为管理办法》和《常见违章行为风险分级标准》通用部分主要由李建林、郑斌、周浩编写；《常见违章行为风险分级标准》物探专业部分主要由胡建华、刘斌编写，钻井专业、试油（气）专业、后勤车间部分主要由徐非凡等编写，录井专业部分主要由郭绍民编写，油气地面建设专业部分主要由黎忠贵、曹彦钦编写，交通运输专业部分主要由杨学林编写。另外在编写过程中，得到了公司相关处室及二级单位的大力支持，在此一并表示感谢。

由于编写人员水平有限，疏漏和不足之处在所难免，恳请广大读者批评指正。

# 目　　录

# 第一部分　安全生产违章行为管理办法

## 第一章　总　　则

**第一条**　为规范员工操作行为，预防和减少各类事故，保障人身和财产安全，实现安全生产，依据《中华人民共和国安全生产法》、《中国石油天然气集团公司反违章禁令》和公司《安全生产管理规定》等法律法规、规章制度，结合公司实际，特制订本办法。

**第二条**　违章行为指在生产经营过程中不遵守有关法律法规、规章制度和安全操作规程的动作或行为。

**第三条**　对违章行为人应按规定

给予扣分、罚款、停工培训、停产整顿等处罚；情节严重的给予警告、记过处分；违章造成事故的，按照事故管理相关规定进行处理。

**第四条** 公司所属单位安全管理部门每年度给每位员工赋予 12 分的初始分值，作为起始记录分，违章扣分不转入下一年度。

**第五条** 本办法适用于公司所属各单位，包括公司控股的合资公司，为公司服务的承包商和分承包商。

## 第二章 职责与权限

**第六条** 公司有关部门按照所管业务，对违章行为管理履行以下职责：

安全环保节能处是违章行为管理的主管部门，负责违章行为管理制度的制订、宣贯、解释和违章行为统计、分析和通报，受理违章申诉、调查、核准和裁定。

劳动工资处负责组织对违章人员的安全教育培训。

纪委监察处负责指导各单位对涉及给予处分的违章人员进行处分。

工会负责监督违章处罚管理情况。

财务资产处负责收缴违章罚款。

**第七条**　基层单位应建立员工违章行为公告栏，定期对违章行为进行通报，按规定组织违章人员培训。各单位应及时收集、分析违章行为，有针对性地开展违章整治活动，按规定组织违章人员培训。

**第八条**　员工应遵守安全生产法

律法规，以及公司、单位安全生产规章制度，享有陈述权、申辩权，对违章处罚有异议的，有权依规申请复议或向上级主管部门提出申诉。

**第九条** 员工有纠正、制止、检举和报告各类违章行为的权利和义务。安全监督人员由公司安全环保节能处下达查纠违章指标，各级管理人员由各单位自行下达查纠违章指标。

**第十条** 监督检查人员具有以下权力：

（一）处罚权：对违章作业人员，有权按规定给予经济处罚和扣分。

（二）停止作业权：对违章作业人员，有权中止其在一定时间内继续操作。

（三）停产权：对存有重大事故隐

患,可能会导致生产安全事故的作业现场,有权下达停产指令。

(四)奖励建议权:有权对安全环保业绩突出的组织或个人提出奖励建议。

## 第三章 处理标准

**第十一条** 按照违章的性质和严重程度,将违章行为划分为两类三级,即操作违章和管理违章两类,一般、严重和重大三级(具体标准另行发布),并按以下标准对违章人员进行处罚:

(一)操作违章:一般操作违章给予罚款 100 元/次,扣 1.5 分;严重操作违章给予罚款 500 元/次,扣 3 分;重大操作违章给予罚款 1000 元/次,扣6分。

（二）管理违章：一般管理违章给予罚款200元/次，扣2分；严重管理违章给予罚款1000元/次，扣4分，给予基层单位罚款5000元/次；重大管理违章给予罚款2000元/次，扣6分，给予基层单位罚款10000元/次。

**第十二条** 当员工年度内扣分达到一定分值时，按以下规定进行处理：

（一）年度扣分累计达到6分的，取消该年度先进评选资格，由基层单位对违章人员进行安全警示教育，学习时间不少于12个学时，并在基层单位职工大会上谈违章认识。

（二）年度内累计扣分达到8分的，由公司所属单位对违章人员进行安全警示教育，学习时间不少于24学时，费用自理，经公司所属单位组织考试，合格后方可上岗，由各单位安全部门将违章信息告知其家属，责令本人购买一年期的人身意外伤害保险。

（三）年度内累计扣分达到10分的，由公司对违章人员进行安全警示教育，学习时间为56学时，费用自理，经公司组织考试，合格后方可上岗。

（四）年度内累计扣分达到12分的，由所在单位给予警告处分，扣分清零，重新赋予12分。

（五）年度内第二次扣分达到12分的，由所在单位给予记过处分。

**第十三条**　针对同一个违章人员的同一起违章行为，不得给予两次及其以上的罚款。

# 第四章　处理程序

**第十四条**　公司领导、机关部门人员在作业现场查出违章行为后，应立即制止，现场有安全监督人员的，由现场安全监督按规定现场开具《违章处罚通知单》（见附件1），并将违章信息录入生产安全预警系统；若现场没有安全监督人员，由检查人开具《违章处罚通知单》，告知当事人，并将通知单交公司安全环保节能处或长庆指挥部安全环保部。

**第十五条**　安全监督人员在作业现场查出违章行为后，应立即制止，按规定现场开具《违章处罚通知单》，告知当事人，将相关单据交回安全监督机构，并将违章信息及处罚情况录入生产安全预警系统。

**第十六条**　对作业现场存在重大事故隐患，可能导致生产安全事故的，检查人员可立即下发《停产通知单》（见附件2），停产的施工作业现场立即按要求进行停产整改，并报上一级业务部门。

**第十七条**　停产的施工作业现场整改完成后向相关业务部门提出复产申请，按照“谁停产、谁组织验收”的原则，由业务部门组织复产验收，验收合格后现场签发《复产通知单》（见附件3）。

**第十八条**　安全监督人员做出超过1000元及以上的处罚或者停产处理前，上报监督机构批准后执行，并报公司安全环保节能处备案。

# 第五章　处罚资金管理

**第十九条**　对公司机关人员、安全环保质量监督检测研究院和长庆监督公司的安全监督人员查处的违章处罚资金实施统一管理，其他违章罚款由各单位自行管理。

**第二十条**　罚款采取集中收缴的方式，由财务资产处按月收缴。

**第二十一条**　安全环保质量监督检测研究院和长庆监督公司每月要将《违章处罚汇总表》（见附件 4）报送财务资产处、劳动工资处和安全环保节能处。同时要将《违章处罚明细表》及《违章处罚通知单》送被处罚单位。

**第二十二条**　承（分）包方人员发

生违章，由发包方代缴后，再向承包方追缴。

**第二十三条**　公司设立违章处罚资金账户，违章处罚资金账户分别由安全环保质量监督检测研究院和长庆监督公司负责代管。

**第二十四条**　罚款主要用于安全风险控制工具的推广、运用及对安全生产工作突出的组织或个人奖励。

**第二十五条**　安全环保质量监督检测研究院和长庆监督公司的现场安全监督协同基层队干部对现场安全观察沟通卡、作业许可、工作安全分析等执行较好或安全环保业绩突出的组织或个人提出奖励建议，报上一级安全监督机构，由安全环保质量监督检测研究院和长庆监督公司审查汇总，报公司安全环保节能处或长庆指挥部安全环保部，经申请，批准后，由安全监督机构进行奖励。

**第二十六条** 《违章处罚通知单》须加盖安全监管机构印章。一式三联，第一联检查人交安全监督机构留存，第二联给违章人员，第三联交被处罚人员所在单位。

## 第六章　申诉与举报

**第二十七条**　当事人对违章处罚有异议的，应在接到《违章处罚通知单》三日内向安全监管机构提出申诉，逾期视为无异议或放弃申诉。

安全环保质量监督检测研究院、长庆监督公司负责受理一般或严重违章行为的申诉；安全环保节能处和长庆指挥部安全环保部负责受理重大违章的申诉。

**第二十八条**　申诉受理部门必须按照“谁主张、谁举证”的原则，充分听取当事人陈述和申辩，对当事人提出的事实、理由和证据，应进行调查复核，并在15日内做出裁决和答复。

**第二十九条**　实行违章举报奖励制度，各级安全监管部门应公示举报电话，对举报、检举严重违章，经核准属实者，给予举报人奖励500～1000元/次；举报重大违章者奖励1000～2000元/次。

**第三十条**　举报受理部门要为举报、检举人保守秘密，若发生泄密事件，按保密工作管理规定进行处理。

# 第七章　附　　则

**第三十一条**　本办法由安全环保节能处负责解释。

**第三十二条**　本办法自发布之日起执行。

附件：1. 违章处罚通知单

2. 停产通知单

3. 复产通知单

4. 违章处罚汇总表

**附件1**

## 违章处罚通知单

______公司______队(站):

你单位_______(岗位)_______同志,于____年___月____日____时,在从事______作业中,出现如下违章作业行为:___________,依据公司《安全生产违章行为管理办法》,参照______专业违章行为风险分级标准第____条____款之规定,罚款人民币____元整(大写:___千___百___拾元整),扣___分。

签发人:

年　　月　　日

◆ 用工性质:合同化员工 ○ 市场化用工 ○ 社会化劳务用工 ○ 承包商人员 ○

◆ 工种工龄:一年以下 ○ 二到三年 ○ 四到五年 ○ 五年以上 ○

◆ 岗位分类:操作岗位 ○ 班组管理人员 ○ 基层管理人员 ○ 各级机关部门管理人员 ○ 外来人员 ○

◆ 违章性质:一般操作违章 ○ 严重操作违章 ○ 重大操作违章 ○ 一般管理违章 ○ 严重管理违章 ○ 重大管理违章 ○

◆ 违章行为:人员反应 ○ 人员位置 ○ 个人防护 ○ 工具与设备 ○ 程序与规程 ○ 作业环境 ○

**附件2**

## 停产通知单

____停(产)字20____第____号

____________:

你单位____________工程，因____________________，现责令立即停产整改，限____年____月____日前整改完成，上报申请复查，经复查验收并同意复产后方可恢复施工。在此期间你单位应采取措施，防止发生安全生产事故。逾期未申请复查或未进行整改，将按公司有关规定进行处罚。

签发人：

年　　月　　日

注：本通知单一式四联，整改单位、监督机构、安全环保节能处、签发单位各一联。

**附件3**

## 复产通知单

____复(产)字20 ____第____号

______________:

关于你单位______________工程请求复产的申请单收悉,经验证你单位已按照要求对所提出的问题进行了整改,同意复工。

签发人:

年　　月　　日

注:本通知单一式四联,整改单位、监督机构、安全环保节能处、签发单位各一联。

## 附件4

# ____月违章处罚汇总表

填报单位(盖章)：　填报时间：　　年　月　日

| 序号 | 单位 | 违章起数 | | | | 处罚金额 | | | | 备注 |
|---|---|---|---|---|---|---|---|---|---|---|
| | | 合同化员工 | 市场化用工 | 社会化劳务用工 | 承包商人员 | 合同化员工 | 市场化用工 | 社会化劳务用工 | 承包商人员 | |
| | | | | | | | | | | |
| | | | | | | | | | | |
| | | | | | | | | | | |
| | | | | | | | | | | |
| | | | | | | | | | | |
| | | | | | | | | | | |
| | | | | | | | | | | |
| | | | | | | | | | | |
| 合计 | | | | | | | | | | |

填报人：　　　　　　　　　　审批人：

# 第二部分　常见违章行为风险分级标准

## 一、通用部分

### 1　一般操作违章

1.1　常规劳保用品穿戴不规范；

1.2　上下梯子不扶栏杆；

1.3　未按规定开展岗位检查(交接班检查、巡查等)；

1.4　未按规定检查、保养设备；

1.5　上班迟到、早退；

1.6　靠在钻台、循环系统等护栏上；

1.7　岗位上聊天、玩手机、看杂志等做与工作无关的事情；

1.8　用电作业时未穿戴绝缘鞋、绝缘手套；

1.9　噪声危害区域(80dB 及其以上)作业未带耳塞；

1.10　动火作业时，乙炔瓶和氧气瓶间距小于5m，距明火距离小于10m；

1.11　在滚动物体上行走；

1.12　对属地内违章作业不制止；

1.13　不按规定参加班前班后会、安全技术交底会等 HSE 会议；

1.14　作业结束后，未及时关闭作业许可；

1.15　作业结束后，未按规定清理施工现场；

1.16　未经允许进入警戒区域；

1.17　办理作业许可时，审批人未到现场核查；

1.18　高处作业往下扔工具等物件；

1.19　用肢体代替工具等使用不正当工具进行操作；

1.20　未对外来人员进行入场安全提示；

1.21　未按规定使用和维护消防器材。

2　严重操作违章

2.1　切割、敲击等作业不戴护目镜；

2.2　有毒有害区工作未佩戴防护用具；

2.3　进入受限空间未按规定进行气体检测；

2.4　从起吊物下穿过；

2.5　放射性作业未穿防护工作服；

2.6 涉爆作业未穿防静电工作服；

2.7 未按规定进行能量隔离，上锁挂签；

2.8 未按规定开展工作前安全分析或风险识别不到位；

2.9 擅自启封或者使用已查封的设施、设备、器材；

2.10 林区、油罐区、施工作业场所等禁烟区域、作业现场吸烟或擅自带火种进入林区、草原；

2.11 擅自拆除机械设备、设施的安全防护装置（如护罩、护栏）、安全保护装置、限位装置、制动装置和连锁装置；

2.12 高处作业时，携带的工具未系牢。

## 3 重大操作违章

3.1 特种作业人员未持有效操作证人员上岗操作；

3.2 违章指挥，强令他人进行违章冒险作业；

3.3 脱岗、睡岗和酒后上岗；

3.4 无票证从事危险作业；

3.5 违反规定运输民爆物品、放射源和危险化学品；

3.6 高处作业不系安全带或安全带未起作用；

3.7 违反起重作业“十不吊”（无专人指挥、指挥信号不明不吊；设施有安全缺陷、支撑不安全不吊；吊物固定状态未消除、有附着物不吊；吊物未拴引绳、无人牵引不吊；吊物上站人、危险区域有人不吊；吊物内盛装过多液体不吊；斜拉不平、超载不吊；吊物棱刃未加衬垫不吊；与输电线路无安全距离不吊；环境恶劣、光线不足不吊）；

3.8　违反安全行车“十不准”（不准无证驾车；不准酒后驾车；不准疲劳驾车；不准超速行驶；不准空挡行驶；不准抢道行驶；不准公车私用；不准使用手机；不准不系安全带；不准驾驶带病车）。

## 4　一般管理违章

4.1　未按规定组织召开 HSE 会议（只限日常会议）；

4.2　未制定或实施个人安全行动计划；

4.3　高危作业未安排人员进行监护；

4.4　未按规定组织开展 HSE 检查；

4.5　对检查出的隐患未及时组织

整改；

4.6 未按规定组织开展 HSE 专项活动；

4.7 未经人员能力评价，安排低岗位顶替高岗位；

4.8 未按规定对安全观察沟通开展情况进行统计分析；

4.9 未对相关方做安全提示，签订 HSE 协议；

4.10 未按规定对各类报表进行审核签字；

4.11 未按规定开展 HSE 培训；

4.12 未按规定组织员工开展健康体检，建立员工健康档案；

4.13 未按标准给从业人员配备劳动防护用品；

4.14 未按规定与员工签订劳动

合同；

4.15　未按规定传达并落实公司文件；

4.16　未按规定对隐患违章进行统计分析；

4.17　HSE 管理制度及操作规程未建立或不全；

4.18　未建立健全岗位生产责任制；

4.19　未按要求配备监管人员；

4.20　未按规定对承包商进行监督检查；

4.21　未对承包商和供应商进行绩效评价,实施动态管理；

4.22　未按规定配备安全及消防设施；

4.23　计量器具未按规定进行

校验;

4.24　拒绝、阻碍安全生产监管人员进行监督检查。

## 5　严重管理违章

5.1　重大隐患隐瞒不报或不按规定期限予以整治;

5.2　大型施工前未进行技术交底,未制定风险削减措施或职工对风险削减措施不明确的;

5.3　施工企业主要负责人、项目负责人、专职安全生产管理人员无安全资格书;

5.4　特种设备未按规定进行检验;

5.5　未按规定提取安全生产费用;

5.6　安全隐患项目治理资金未专款专用;

5.7　未按规定对重大风险源进行

登记管理；

5.8　当设备、人员、工艺等变更时，没有按规定开展风险评估，也没有按规定进行审批；

5.9　对新技术、新工艺、新设施应用和使用无风险控制措施，或措施落实不到位；

5.10　应急预案未编制或针对性不强；

5.11　应急预案未按规定进行备案；

5.12　应急预案未按规定开展评审和修订；

5.13　未按规定组织开展应急演练；

5.14　对已发现存在危险的生产、储存装置等，仍继续使用；

5.15　作业前未开展工作安全分析(可不限形式)；

5.16　未按规定实施许可管理；

5.17　未按规定组织开展安全观察沟通；

5.18　未按规定实施属地管理。

## 6　重大管理违章

6.1　无证、证照不全或过期、超许可范围从事生产经营建设；

6.2　倒卖、出租、出借或以其他形式非法转让安全生产许可证；

6.3　将工程发包给不具备相应资质的单位承担；

6.4　施工单位无相关资质或超越资质范围承揽、转包工程；

6.5　建设项目未落实 HSE“三同

时”制度；

6.6　未组织作业前安全会。

## 二、物探专业

### 1　一般操作违章

1.1　专用民爆物品运输车未执行双人双锁制度、安全设施失效或缺失；

1.2　民爆物品未及时填写或填写不规范（编码不符、涂改等）；

1.3　下药时，未按规定埋置炮线或未正确填写下药信息卡；

1.4　专用雷管箱内放置其他物品；

1.5　存放雷管的雷管箱未上锁；

1.6　爆破作业时，未使用防爆灯具、防静电手链；

1.7　民爆物品运输搭乘其他人员(除押运员外);

1.8　放炮作业后未实施清线工作(包括盲炮未按规定处理);

1.9　爆破作业后,擅自进行清线作业;

1.10　爆炸站设置安全距离不符合;

1.11　雷管存放未进行短路处理;

1.12　无证人员搬运和管理雷管;

1.13　爆破作业未实施“三断”工作;

1.14　爆破人员现场未及时填写盲炮班报;

1.15　施工作业现场未设置警戒区域;

1.16　炸药库值班人员巡检、交接

班记录不全、不实；

1.17　爆炸物品搬运过程中人药分离、无人看管；

1.18　钻机操作手及辅助人员操作作业或搬运钻井设备时未穿戴防砸皮鞋；

1.19　多功能钻机作业现场未使用供油呼吸阀；

1.20　（钻井、机修、汽修等作业时）开关未锁紧，工件紧固不牢、操作错误（指按钮、阀门、把柄等）；

1.21　机器设备运转时，操作人员离开操作台；

1.22　高寒天气，现场作业人员未穿戴防寒安全帽；

1.23　机修作业时，工具摆放不当或离开作业场所未取走瓶阀开启工具；

1.24　高温天气油料露天储存无遮阳措施；

1.25　便携式钻机未拆卸而采取整体搬迁；

1.26　未使用专用工具开启油桶盖或未穿戴防静电服实施加泄油作业；

1.27　机器设备运转时加油及检修设备；

1.28　使用电焊机后未按照规定切断电源；

1.29　离开作业现场时,未关闭设备；

1.30　拆除或错误安装安全装置；

1.31　砂轮机操作人员站位不当；

1.32　用汽油擦洗设备和零部件；

1.33　车载钻机未放井架就进行搬迁；

1.34　设备搬迁过程中人货混装运输；

1.35　震源作业带点工未穿戴有反光标志的服装；

1.36　钻井车、震源车行驶时，人员站在震源平台或其他部位上；

1.37　震源车在坡度大于30°的坡道停车；

1.38　井架未置于稳固状态就进行维修钻机作业；

1.39　违规下河洗澡、游泳；

1.40　工地内擅自违规运输危险化学品；

1.41　登山作业时未按规定使用登山器具和防护用品；

1.42　公路警戒人员站位不当或未正确穿戴反光背心；

1.43　焊接、切割作业未设置单独的隔离区；

1.44　在公路弯道处设置拦车警戒点；

1.45　人员在陡岩下、车底下、冲沟、河床等危险地段休息；

1.46　违规使用“热得快”等大功率(非生产)电器；

1.47　材料库内油料、油漆、木桩等混合摆放，固体物资与气体物资未分类存放；

1.48　室内烤火未使用炉盖、排烟筒；

1.49　配电箱未按规定上锁挂签；

1.50　液化气瓶与灶台的安全距离不够；

1.51　电工作业时未使用绝缘

工具；

1.52　在行驶中的车辆上进行收、放线作业；

1.53　涉水作业时不使用救生设备；

1.54　过期药品未及时销毁，医疗垃圾未按相关规定进行处置。

1.55　医务人员未定期开展野外巡回医疗；

1.56　液化气瓶放倒在地上或加热使用；

1.57　压力空瓶与有气瓶未分开存放。

## 2　严重操作违章

2.1　民爆物品违规存放（未放置在固定的专用箱内，与营地帐篷安全距离不符，未实施双人双锁，临时储存点

储存数量过大等）;

2.2　爆炸物品超核定载量运输;

2.3　未阻止无关人员进入制作药包现场;

2.4　制作药包时,炸药与雷管存放点的安全距离不符合要求;

2.5　镶焊作业点设置在居民区;

2.6　氧气瓶、乙炔瓶存放同一室内;

2.7　焊接作业时,乙炔瓶未加装减压器、阻火器;

2.8　将私车开往工地使用;

2.9　人员、设备搬迁时翻越护栏横穿高速公路;

2.10　水位超过车辆渡河安全警戒线时,擅自冒险涉水过河;

2.11　擅自临时用电未实施作业

许可；

2.12 吊装设备时吊臂下站人；

2.13 两人以上同时使用同一保险绳登山作业；

2.14 重大危险源或重要地面地下设施（地下天然气管道、地下军用或通信光缆、高层建筑、馆所、寺庙、煤矿采空区、隧道、悬崖下方、大型水渠或涵洞等）与定井安全距离不符合相关规定；

2.15 安全措施不到位，冒险发布作业指令；

2.16 性质相抵触的民爆物品存放在同一库房内。

3 重大操作性违章

3.1 民爆器材无证运输、储存、使用；

3.2　民爆物品运输车违规停放（停放在场镇、人口密集地区、高压电线下方、桥梁、隧道等重大危险源地段）；

3.3　炸药、雷管同车运输；

3.4　擅自夜间下药、补炮作业；

3.5　地面测试炸药包；

3.6　人货混装；

3.7　属地管理者未按作业计划书规定到高陡地段、水域作业、吊装作业现场指挥；

3.8　未排除安全隐患而冒险作业。

## 4　一般管理违章

4.1　作业计划书未下发到班组；

4.2　未按规定开展安全经验分享；

4.3　未对外来人员进入属地进行风险提示；

4.4　安全生产责任制(HSE协议、HSE合同)未签订;

4.5　员工未进行安全培训就安排上岗;

4.6　经理部、分公司专职管理人员未定期履职检查或检查频次不足;

4.7　班组未定期开展HSE活动;

4.8　施工组未向生产班组提供《险情通知单》;

4.9　未按规定传递天气预报和预警信息;

4.10　工区风险信息未按规定上报;

4.11　食堂卫生制度落实不到位;

4.12　未将每餐食品进行了留样冷藏;

4.13　安排无健康证人员从事炊

事工作；

4.14　个人行动计划涵盖内容不全，检查未落实；

4.15　领导未按体系文件及个人安全行动计划开展 HSE 授课；

4.16　队领导、班组长、安全员月度检查频次不满足体系要求；

4.17　安全员未按作业计划书规定对重大危险地段作业进行现场检查；

4.18　未按规定进行作业许可管理；

4.19　未按规定对职业危害作业场所进行检测；

4.20　未对职工、季节性用工进行针对性 HSE 培训，或培训计划、考核、总结信息不全；

4.21　未定期对计算机房、处理室

等场所的电器和消防设施进行检查；

4.22　生产废弃物未按规定进行回收处理；

4.23　民爆物品临时库，出入库人员、车辆登记手续不齐全；

4.24　未按规定开展民爆物品的“日清”、“线(束)结”工作；

4.25　人员在进入民爆物品临时存放点时，值班人员未收缴通信器材与火种；

4.26　油料存放位置不当（斜坡上、宿舍内等地点，离火源近，存放点未截断电源，高温天气油料露天储存无遮阳措施）；

4.27　未按规定配置急救包，或急救包内药品未及时更换和补充；

4.28　班组内同类隐患未得到整

治,同类违章重复发生;

4.29 进入环境保护区未取得相关方许可手续就从事施工作业;

4.30 工区内危险路段、过河滑轮、自修路桥、云梯等未设置警示标志;

4.31 未按规定上报百万工时、事故事件;

4.32 施工方案、关键岗位人员变更时未按规定进行变更管理;

4.33 防恐等措施缺失或执行不到位;

4.34 劳保用品未及时配置到位;

4.35 车辆涉水过河现场,没有设置水位警戒标记和水位路线标志;

4.36 水域作业救生衣、安全绳等未到位;

4.37 自架桥梁、索道、保险绳等

用后未及时拆除；

4.38　逃生平台搭建不符合相关要求；

4.39　未按规定配备职业健康防护设备、设施。

**5　严重管理违章**

5.1　没有开展安全生产分析；

5.2　未按规定开展联系点审核；

5.3　未按规定配备关键岗位人员；

5.4　在收到气候预警后，未开展隐患排查；

5.5　施工措施未落实到位就组织生产；

5.6　防护措施不到位就指挥他人冒险入受限空间（水灌、油罐、地窖、化粪池等）作业；

5.7　压力锅炉无水位计报警设

施、压力表等安全附件,未按期检验;

5.8 特种设施未定期检验;

5.9 未按规定组织职业健康体检;

5.10 营地选址在滑坡、垮塌等危险地段。

## 6 重大管理违章

6.1 HSE作业计划书未制定或未经审批就进行施工作业;

6.2 未通过项目开工验收,擅自组织施工;

6.3 停工(产)整顿后,未经验收就组织生产;

6.4 安排无有效证件人员从事(爆破员、电工、医生、焊工、驾驶员等)关键岗位作业;

6.5 安排有职业禁忌人员从事有毒有害岗位;

6.6　夜间违规安排车辆倒排列或其他（除应急救援外的）人员转运。

## 三、钻井专业

### 1　一般操作违章

1.1　下入鼠洞管时用方钻杆强行下压；

1.2　排钻具、套管等管材时，用手扒或用脚蹬；

1.3　操作绞车、气（电）动绞车、测斜绞车造成排绳不齐；

1.4　卸钻具和套管护丝、配合接头时，手、脚放在下方；

1.5　存放在大门坡道的钻具或套管未固定；

1.6　井口操作时用脚蹬吊卡或气动卡瓦；

1.7　用B型吊钳单钳紧扣(装卸钻头除外);

1.8　使用液气大钳前钳框未扣合,气源未切断,管线内余气未放尽,手柄未锁定;

1.9　起钻下放空游车过程中,司钻不观察游车位置,井口操作人员不抬头观察吊卡位置;

1.10　二层台操作中,不按要求使用兜绳和一个人操作擅自使用风动绞车的;

1.11　上提钻铤和坐卡瓦不卸安全卡瓦;

1.12　使用安全卡瓦距三片卡瓦间距小于5cm,丝杠连接处间距小于5mm;

1.13　拉钻具立柱、单根时未用钻

杆钩子；

1.14 将提升短节推倒放置在钻台面上；

1.15 下钻时，吊卡距转盘面10cm以上就拔掉销子；

1.16 下钻时悬重超过300kN后不使用辅助刹车；

1.17 双吊卡起下钻时不使用小补心，或取放未使用专用工具；

1.18 注水泥等高压作业时，高压危险区域未设置警戒，高压状态下进入警戒区域内；

1.19 擅自开动非本岗位使用的设备；

1.20 未关好设备旋转部分防护罩（栏）就挂合离合器操作；

1.21 带负荷运行时，擅自断开配

电闸刀或总开关；

1.22 带顶驱起钻不挂电磁刹车；

1.23 擅自拆除设备警示提示标志、显示仪表；

1.24 开、关情况不明的电源或动力开关、闸、阀；

1.25 使用非安全电压灯具做手持工作灯；

1.26 携带手机进入作业现场或在防火防爆区域未关闭手机；

1.27 乙炔瓶和氧气瓶混装、混放，乙炔气瓶未保持直立状态；

1.28 违规使用清洁机；

1.29 二层台操作不打手势或未作提示；

1.30 易燃、易爆区域内未使用防爆工具；

1.31　起下钻作业未按规定吊灌钻井液；

1.32　未及时报告有异常的工程和钻井液参数；

1.33　拒不接受入场教育，或劳保护具不全、穿着不规范进入作业现场；

1.34　起重作业指挥人员未佩戴袖标或警示服；

1.35　不戴工作帽靠近设备旋转部位；

1.36　司钻操作台上存放杂物，操作时精力不集中或从事与工作无关的事；

1.37　未停稳转动钻机，或无人监护时拆装传感器；

1.38　开关高压闸阀时正对丝杆；

1.39　起下钻不锁转盘；

1.40　井口操作时站在转盘旋转面上；

1.41　野营房、电器设备未按规定接地；

1.42　骑、靠在护栏或水龙带上，或翻越栏杆；

1.43　井架上放置未固定的工具和物品；

1.44　开动、关停钻井泵时未发出警示信号；

1.45　未按规定调校循环罐液面报警器；

1.46　擅自调节过卷阀位置；

1.47　在绞车刹带下面垫东西或涂抹润滑油；

1.48　电器设施未安装漏电保护装置；

1.49　固井施工前未按要求清理井场障碍物；

1.50　未按操作程序使用砂轮机、切割机等设备，站位错误；

1.51　吊钳拉紧后，人员未离开危险区域；

1.52　非演习、培训或应急情况下使用二层台逃生装置离开二层台；

1.53　排放钻具立柱时用肩扛，或把头伸进立柱之间；

1.54　井架拉筋、横梁时两头没有拴引绳；

1.55　上、下井架未使用登梯助力器和防坠落装置等；

1.56　擅自开动封闭、隔离或锁定的设备；

1.57　高处作业使用的工具未

固定;

1.58 用潮湿的手或戴潮湿的手套触摸电器开关或带电设备;

1.59 使用风动绞车提立柱;

1.60 进入油气层作业后,钻台上无人监护;

1.61 野营房拉运时,单面捆绑;

1.62 使用乙炔气气割(焊)时,不安装止回阀。

## 2 严重操作违章

2.1 起吊作业过程中重物悬挂在空中,操作人员离开控制台;

2.2 刹把无控制的情况下随便离开;

2.3 拆除 B 型吊钳钳尾绳作业;

2.4 操作测斜绞车顶天滑轮拉断钢丝绳,造成测斜仪器下砸;

2.5 未按规定填报液面坐岗记录（未按规定核对液面记录，液面变化未注明原因和调校液面报警器）；

2.6 检修线路或电气设备无人监护、未按规定能量隔离、上锁挂签；

2.7 超负荷、速度、压力、温度、期限使用设备；

2.8 在运转设备的护罩上穿行，或长时间逗留；

2.9 非本车驾驶员私自开动井场停放的车辆；

2.10 用转盘绷扣；

2.11 二层台操作未等游车停稳就抢开、抢扣吊卡；

2.12 兜绳未取就开始下放游车；

2.13 维修钻井泵或更换空气包胶囊作业未卸压；

2.14 钻井泵启动前未确认管汇阀门开关状态；

2.15 擅自卸掉过卷阀、数码防碰天车等装置；

2.16 井架2m以上放置未固定的工具和物品。

## 3 重大操作违章

3.1 发现溢流，不及时报告；

3.2 闸板封井器在关井情况下擅自活动钻具；

3.3 换活塞时挂离合器顶活塞；

3.4 用游车、非载人气动绞车、吊车等作载人作业；

3.5 高处作业人员沿钻柱或死绳下滑；

3.6 未经清洗、风干、检测，对盛装过易燃易爆物品的半封闭、封闭容器和管道进行焊割作业；

3.7　钻遇高压油气层或含有有毒、有害气体时未及时报告；

3.8　使用单吊环起吊。

4　一般管理违章

4.1　无人监护或未经相关主管部门审批进行危险作业；

4.2　打开目的层后未落实干部值班；

4.3　拆除气、电、水、油路时，未进行能量隔离、上锁挂签；

4.4　未按规定安排滑割大绳；

4.5　未及时整改发现的不符合或谎报整改情况；

4.6　外来人员或车辆随意进入施工现场；

4.7 未按规定组织试压；

4.8 消防通道、应急通道不畅；

4.9 启用变更和停产的设备前未开展启动前安全检查；

4.10 未组织召开固井、测井等承包商、分包商作业前协调会；

4.11 危害辨识和安全防范措施不健全，或未经主管部门审批；

4.12 未按规定运行“两书一表”；

4.13 开钻前未按标准校正井口；

4.14 机动车辆进入现场未使用防火罩。

5 严重管理违章

5.1 重大隐患整改措施不落实，消极对抗上级部门检查；

5.2 擅自在井控设备、高压管汇

等设施上焊接；

5.3　六级以上大风、暴雨、大雪等特殊天气条件下立放井架；

5.4　安全设备、附件的安装、使用、检测、改造不符合相关标准；

5.5　未按规定组织开钻验收；

5.6　搬迁作业前对所经路线不进行踏勘、未制定或执行风险削减措施；

5.7　未按设计要求储备足够的加重钻井液和加重材料；

5.8　防碰天车、正压式空气呼吸器、有毒有害气体检测仪等设施存在重大隐患而未及时进行整改。

## 6　重大管理违章

6.1　作业施工无设计就进行施工；

6.2　作业计划书未经审批就施工；

6.3　发现溢流未按规定实施关井；

6.4 钻开油气层未按规定组织验收。

## 四、试油(气)专业

### 1 一般操作违章

1.1 起下钻时,操作作业机猛提猛放;

1.2 挂绳套人员从野营房或储液罐上跳下;

1.3 吊车千斤支腿不垫枕木,松软处不垫钢板

1.4 吊车立放井架时未使用吊钩保险销;

1.5 野营房拉运时,单面捆绑;

1.6 站在油管上面滚油管,用脚蹬油管;

1.7 在未装防滑平台的卧式大罐

之间跨越；

1.8　罐与罐之间未安装过道板跨越；

1.9　骑跨式拉油管；

1.10　将安全工具当生产工具使用；

1.11　二层台操作中，未按要求使用兜绳，工具未拴尾绳；

1.12　射孔作业时，未设置安全警示带和安全警示牌或使用无线电设备；

1.13　射孔时电缆辐射区站人或穿越电缆；

1.14　射孔电测校深时电缆辐射区站人或穿越电缆；

1.15　下放电缆、钢丝绳速度与规定不符；

1.16　碾压地面管线、油管或

电缆；

1.17 柴油机未使用防火罩；

1.18 打开油气层后作业未进行气体检测；

1.19 正对井口闸门进行操作；

1.20 未用专用扳手开关酸罐闸门、未用专用梯子上下酸罐；

1.21 抽汲时抽汲机未打行走死刹、轮胎处未垫三角木；

1.22 抽汲时钢丝绳辐射区站人或穿越抽汲钢丝绳；

1.23 停止抽汲作业时滚筒不打死刹车；

1.24 停止抽汲作业时抽子未起出井口；

1.25 三相分离器未按规定开启或关闭闸门；

1.26　试井绞车停放位置不当或未采取固定措施；

1.27　井口法兰盘上存放工具、井口螺丝等；

1.28　将手工具当榔头使用；

1.29　拆装启动机、发电机未断开电瓶开关；

1.30　液压钳未装防护门、不拴尾绳；

1.31　维修液压钳时未摘开液压泵或总离合器；

1.32　井架 2m 以上放置未固定的工具和物品；

1.33　开动、关停设备设施时未发出警示信号；

1.34　在运转设备的护罩上、下穿行；

1.35 设备转动部分防护罩(栏)缺损;

1.36 擅自拆除或关闭设备上的安全装置;

1.37 未排除设备故障就进行带病作业;

1.38 在运转的设备进行加油、修理、焊接、清扫等工作;

1.39 易燃、易爆、油气区域内未使用防爆工具,未关闭手机;

1.40 开泵前未检查安全保护装置;

1.41 未按规定固定放喷管线进行放喷作业;

1.42 通井机装车后不打死刹,不支千斤;

1.43 拆卸管线时未放压拆卸管

线管汇或未清理管线内残液；

1.44　有毒有害区域作业未使用防爆排风扇，未佩戴有毒有害气体检测仪；

1.45　放喷管线及井口冰堵，用火烧烤；

1.46　压裂时高压管线和弯头未用安全绳固定；

1.47　放喷时未进行有毒有害气体检测，或站在下风口监测；

1.48　上、下井架未使用防坠落装置；

1.49　使用乙炔气气割（焊）时，不安装止回阀。

## 2　严重操作违章

2.1　未收吊车千斤就移车；

2.2　吊车在作业时，重物溜车，

被吊物件长时间悬空，或吊起物件时司机离开操作室；

2.3　起钻未按要求灌压井液；

2.4　开关不明的电源或动力开关、闸、阀；

2.5　井涌后继续进行起下钻作业；

2.6　设备运转时离开岗位；

2.7　压裂作业时，高压区未设置安全隔离带，人员进入高压区；

2.8　发生溢流未采取措施；

2.9　擅自操作非本岗位设备；

2.10　超负荷、速度、压力、温度、期限等使用设备；

2.11　对盛装过易燃易爆物品的容器、管道，未经清洗、置换、检测就进行焊割作业。

## 3　重大操作违章

3.1　用游车、吊车等吊人进行高处作业；

3.2　未按规定卡好绷绳就上井架操作；

3.3　井架基础倾斜、塌陷情况下进行起下钻作业；

3.4　放井架时，吊车吊钩未拉紧就提前卸掉绷绳绳卡；

3.5　六级以上大风、暴雨、大雪等特殊天气条件下立放井架；

3.6　井控坐岗时液面不调试报警值，捏造井控坐岗数据。

## 4　一般管理违章

4.1　未按规定配备安全设备、设施和附件；

4.2　搬迁、压裂等项目作业未安

排专人指挥车辆倒车；

4.3 危险作业无人监护或未经相关主管部门审批；

4.4 未开展员工能力评价；

4.5 射孔压裂后起下钻作业未检测井口有毒有害气体浓度；

4.6 两个及以上机组交叉作业时，未签订安全协议；

4.7 未按规定对井控设备进行试压；

4.8 未及时送检到期的计量器具和安全防护设施；

4.9 井内特殊管柱起下钻作业防喷器未更换闸板芯子，不配备防喷单根；

4.10 未按规定运行“两书一表”；

4.11 未填写“单井风险”管理单；

4.12　打开油气层后，起下钻未装防喷器。

## 5　严重管理违章

5.1　重大隐患整改措施不落实，消极对抗上级部门检查；

5.2　擅自在井控设备、高压管汇等设施上焊接；

5.3　六级以上大风、暴雨、大雪等特殊天气条件下立放井架；

5.4　安全设备、附件的安装、使用、改造不符合相关标准。

5.5　未按规定组织开工验收；

5.6　搬迁过程中对所经路线不进行踏勘，未制定或执行风险削减措施；

5.7　未按设计要求储备足够的加重钻井液和加重材料；

5.8　正压式空气呼吸器、有毒有

害气体检测仪等设施存在重大隐患而未及时进行整改。

6 重大管理违章

6.1 作业施工无设计就进行施工;

6.2 作业计划书未经审批就施工;

6.3 发现溢流未按规定实施关井。

## 五、录井专业

1 一般操作违章

1.1 移液管移取溶液时未使用洗耳球;

1.2 含硫地层录井时,在钻台、循环系统作业的录井人员未佩戴便携式硫化氢监测仪;

1.3 在未固定的管具上行走;

1.4 管具上下钻台时,站在大门坡道15m以内;

1.5 浓酸、强碱稀释配制时，未戴橡皮手套；

1.6 淘洗岩屑等产生的生产污水和现场工作中产生的固定废物，未到指定地点排放、回收处理；

1.7 在井口、分离器、放喷口处观察压力或考克泄压时，站在泄压孔方向；

1.8 气体钻进时，取样人员未佩戴便携式可燃气体监测仪；

1.9 气体钻进、固井、测井、压裂酸化等作业时，擅自进入警戒区；

1.10 坐岗、交接班等录井原始记录未按规定进行审核；

1.11 处理钻井液时，未记录处理剂名称、数量、处理时间和井段“四要素”；

1.12　井口套管试压、地层破裂压力试验时，未记录试压介质、压力和承压时间；

1.13　未记录停泵回流量；

1.14　液面变化量超过 ±0.5$m^3$ 未标注原因或原因标注不准确；

1.15　起钻前未记录循环时间和进出口钻井液密度，当进出口密度差值大于 0.02$g/cm^3$ 或循环时间不足时，未及时告知当班司钻；

1.16　起下钻完后钻井液总量理论与实际差值超过 ±0.5$m^3$，未进行原因分析；

1.17　录井仪报警失效或关闭；

1.18　用湿手或戴湿手套触摸电器开关或带电设备。

## 2　严重操作违章

2.1　安装、检修和更换井深、转速、泵冲传感器和电动脱气器等风险作业时，未进行上锁挂签或未进行安全提示；

2.2　在发现疑似溢流时，未执行“先报警，后落实”原则；

2.3　不能正确使用正压式空气呼吸器等安全设施和消防设施。

## 3　重大操作违章

3.1　溢流未及时发现或未及时报告；

3.2　随意编造坐岗记录。

## 4　一般管理违章

4.1　开工前未开展开工验收；

4.2　未定期对录井设备进行校验；

4.3 使用的安全设施失效；

4.4 逃生呼吸器等安全设施未附中文说明书；

4.5 未建立化学药品管理台账或账物不符；

4.6 化学药品标识不全，无危险化学品安全技术说明书；

4.7 未开展“防喷、防火、防硫化氢中毒”等应急预案培训；

4.8 未按要求和现场实际，对录井参数报警门限值进行设置；

4.9 未按规定运行“两书一表”；

4.10 责任区域内各种安全警示标识不全或未按要求张贴。

**5 严重管理违章**

5.1 重大隐患整改措施不落实，消极对抗上级部门检查；

5.2　同一施工现场重复出现同类事故隐患和同类严重以上违章行为。

6　**重大管理违章**

6.1　危险化学药品未按规定进行管理。

## 六、油气地面建设专业

1　**一般操作违章**

1.1　液化气瓶未安装减压阀；

1.2　气瓶与软管连接处不使用卡具；

1.3　氧气瓶、乙炔瓶阳光下曝晒；

1.4　气体使用无防止倾倒措施；

1.5　气体软管老化破损；

1.6　气焊作业时将橡胶软管背

在背上；

1.7　乙炔气瓶平放使用；

1.8　气瓶使用未安装“回火防止器”；

1.9　（氧、乙炔）软管穿越车行道无保护措施；

1.10　氧乙炔表、焊割工具有油污；

1.11　工作完毕不关闭氧气、乙炔瓶气阀；

1.12　电线老化、破皮有裸露线头未包扎；

1.13　用其他金属丝代替熔丝；

1.14　涉深水作业时未穿戴救生衣；

1.15　电缆接头未牢固可靠，使接头处承受张力；

1.16　电器无接头直接插在插

板上；

1.17　用电设备未按规定接地或接零；

1.18　开关箱未上锁挂签，箱内设施电器破损，箱内放置杂物；

1.19　配电箱、开关箱的进出线口未设在箱的下面或侧面（室内嵌入式除外）；

1.20　开关箱进出线无锐边保护措施，进出线端有接头；

1.21　使用手动机具未使用橡皮护套软电缆；

1.22　卷扬机未设置应急总电源分断开关；

1.23　柴油发电机附近动火、存放易燃物；

1.24　电焊作业，利用脚手架、管

道或其他金属物体搭接起来形成回路；

1.25 机械设备超出功能范围使用；

1.26 移动设备操作室外站人或搭乘人员；

1.27 移动设备操作前未发出警示信号；

1.28 挖掘机在特殊地段行走无安全措施；

1.29 将手或物伸入旋转的搅拌机内作业；

1.30 移动设备保养、检修不熄火，铲斗不落地；

1.31 移动设备超过最大爬行坡度作业；

1.32 使用压路机拖拉其他机械物件；

1.33　装载机未锁闭转向架在前后车架之间检修保养作业；

1.34　高处作业使用其他绳索代替安全带；

1.35　高处作业安全带未“高挂低用”；

1.36　高处动火作业未使用阻燃安全带、安全网；

1.37　高处作业人员在孔洞边缘和躺在通道或安全网内休息；

1.38　受限空间动火作业未进行气体检测；

1.39　受限空间动火作业未进行清洗、置换、通风等；

1.40　动火作业现场无警戒、无应急措施；

1.41　受限空间作业无监护人；

1.42 受限空间作业沟通联络不畅通；

1.43 高处作业跳板未固定；

1.44 高处作业物件未捆绑固定；

1.45 高处作业铺设钢格板未固定；

1.46 将安全带系挂在吊篮上；

1.47 使用电动工具无漏电保护器；

1.48 在潮湿场所或金属构架上操作时，未选用Ⅱ类或由安全隔离变压器供电的Ⅲ类手持式电动工具，使用Ⅰ类手持式电动工具。

## 2 严重操作违章

2.1 使用未经检测、检测不合格或报废特种设备；

2.2 使用超过检验期限气瓶；

2.3　将电焊机、变压器、气瓶等带入受限空间；

2.4　受限空间作业使用破损电缆线、气胶管；

2.5　受限空间作业照明未使用安全电压；

2.6　受限空间涂装作业未进行气体检测、无安全标志；

2.7　气瓶运输时与油料混装、混放；

2.8　采用明火烘烤或用棍棒敲打气瓶解冻；

2.9　未设置防护措施的高处安排人员临边施工作业；

2.10　架空线缠绕在脚手架或其他构建物上；

2.11　在滑坡、崩岩、岩堆等未清

除不稳定孤石的下方临边施工作业、休息；

2.12　跨越高压线路吊装作业无防护措施；

2.13　使用设备安全装置失效；

2.14　水泵入水端破损、有接头，潜水泵出、入水作业无防触电安全措施；

2.15　高温潮湿环境，照明灯具未使用安全电压；

2.16　临时架设的电线与地面高度小于4.5m；

2.17　混凝土搅拌机料斗提升时下方有人；

2.18　搅拌机运转的时候进行清理、维修；

2.19　受限空间涂装作业输送氧

气时，采有明火照明。

3　**重大操作违章**

3.1　违反公司“工程机械操作禁令”（严禁未经许可操作工程机械；严禁使用不合格工程机械；严禁无监护人员操作工程机械；严禁工程机械载人；严禁操作人员脱岗；严禁越警戒线作业；严禁在不符合要求的工作面上作业）；

3.2　违反公司“沟下作业禁令”（严禁未经许可进行沟下作业；严禁在不符合设计规范要求的管沟进行沟下作业；严禁未采取支护、防塌网、防塌棚等保护措施进行沟下作业；严禁堆土、设备摆放等距管沟边缘小于1m进行沟下作业；严禁逃生梯配备少于2副进行沟下作业；严禁未开展应急演练进行沟下作业；严禁未经现场监理验沟合格进行沟下作业；严禁无监护人员进行沟下作业）。

4　一般管理违章

4.1　特种设备使用未进行登记建立台账；

4.2　特种设备使用未进行维护保养；

4.3　使用未经检测或检测不合格的特种设备；

4.4　未按规定建立健全特种作业人员信息管理数据台账；

4.5　运输气瓶车辆无安全标志；

4.6　气瓶储存无通风措施、无消防器材；

4.7　气瓶无空、满瓶标示，无防震圈与瓶帽；

4.8　易塌方地段和道路悬崖临边

段无防护；

4.9　作业现场电线零乱；

4.10　现场临时用电设备在5台及以上或设备总容量在50kW及以上者,未编制临时用电组织设计；

4.11　施工临时用电未采用TN－S系统；

4.12　固定场所不符合“三级配电两级保护”进行配电设置；

4.13　未按“一机一闸一漏一箱”要求设置配电；

4.14　在架空线路处土建作业无防电杆倾倒安全措施；

4.15　接地电阻值不符合要求；

4.16　夜间影响飞机或车辆通行的在建工程及机械设备,未设置醒目的红色信号灯；

4.17　设备传动部位、剪切口、绞轴绞杆入口易造成伤害处无防护隔离措施；

4.18　施工便道或者作业带与地方公路交叉的地点未按道路交通法规规定设置安全警示标志；

4.19　临地方公路施工作业场所未按道路交通法规规定设置安全警示标志；

4.20　施工便道、维修公路、新修公路、占道动土施工未设置安全警示标志或警示带；

4.21　施工现场内的金属结构，在相邻建筑物、构筑物等设施的防雷装置接闪器的保护范围以外时，未安装防雷装置；

4.22　未按预案计划配备应急工

具、用具、设备、急救医用药品器件；

4.23　电缆线穿越公路、铁路、厂区道路无防护措施；

4.24　在架空线路处土建作业无防电杆倾倒安全措施。

5　**严重管理违章**

5.1　施工组织设计中无安全措施；

5.2　没有按规定组织安全技术交底；

5.3　落地式脚手架、悬挑式脚手架、门式脚手架、吊篮脚手架、基坑支护等无施工方案或方案未审批；

5.4　在林区、草原等施工未制定消防管理制度；

5.5　损坏安全设施、防护设施、警示标志、显示仪表等；

5.6　对重大事故隐患不按期销项

关闭；

5.7 简化或超越程序组织施工；

5.8 在混凝土料斗下方清理或检修无安全防护措施；

5.9 进入搅拌筒作业无安全措施；

5.10 使用不具备国家规定资质和安全生产保障能力的承包商和分包商。

6 重大管理违章

6.1 拆除、废弃安全阀和压力表，损坏安全设施、防护设施、警示标志、显示仪表等；

6.2 无安全措施在禁火区域内进行动火作业；

6.3 在易燃、易爆工作环境中未采取相应等级的防爆安全措施，产生火花和带电作业；

6.4　特殊地段施工无施工方案和应急预案。

## 七、交通运输专业

### 1　一般操作违章

1.1　行车时证件携带不齐全；

1.2　行车不带路单；

1.3　未执行属地报到；

1.4　车辆不执行“三交一停(封)”；

1.5　驾驶员未落实出车前、行驶中、回场后车辆检查；

1.6　乘车人未系安全带起步；

1.7　乘车人正在上车或下车时车辆起步；

1.8　试车时不按指定路线(段)试车；

1.9　不按规定使用灯光；

1.10　灯光不全、亮度不够情况下夜间行车；

1.11　不按规定调头、起步；

1.12　转弯不减速、不鸣号；

1.13　在厂区内乱停乱放车辆；

1.14　停车后不熄火、不拉手制动、不锁车门，在坡道停车不挂挡及车轮不打掩木；

1.15　随意停车，驾驶途中与他人谈话；

1.16　拉运物资装载不符合规定；

1.17　拉运危险物品的车辆驾驶室放有火种；

1.18　工程车、仪器车、固井车、吊车、罐车驾驶室以外载人；

1.19　进入油气区，车辆未安装防

火罩；

1.20　拉运超限物资车辆未设安全警示标志，拉运易燃、易爆货物的车辆未设安全标志或车上乘人；

1.21　车辆超载行驶。

2　**严重操作违章**

2.1　穿拖鞋驾驶车辆；

2.2　逆向行驶；

2.3　违章占道行驶；

2.4　不按规定让行；

2.5　客货混装；

2.6　跟车安全距离不符合行车安全规定；

2.7　连续驾驶2小时，不按规定停车休息和检查车辆；

2.8　不按规定路线行驶，绕道办私事；

2.9　违反规定牵引(拖)车辆;

2.10　单车未执行 HSE 计划表;

2.11　私自拉运与生产作业无关人员;

2.12　实习驾驶人员单独驾驶车辆的;

2.13　拉运危险物品车辆无押运员;

2.14　油罐车在行驶中或装卸油品时不使用接地线;

2.15　搬家拉运超大物件,不悬挂超长、超宽标志;

2.16　机动车在路上发生故障,不设置警告标志牌;

2.17　将私车开到作业现场。

## 3　重大操作违章

3.1　车辆超员行驶;

3.2　载人车辆人员未下车进行加油作业；

3.3　不接受安全检查的；

3.4　载客车辆拉运危险化学品；

3.5　背罐车摆放立式下灰罐不打千斤就开始作业；

3.6　吊车不收回千斤（支腿）、起重臂起步；

3.7　私自拆除和关闭车辆安全装置及屏蔽 GPS 车载系统；

3.8　易燃品与电瓶同车厢运输；

3.9　使用未经年审合格的车辆从事运输作业。

**4　一般管理违章**

4.1　执行长途任务不进行审批；

4.2　使用不符合规定的委托承运车辆和驾驶员；

4.3　搬迁、压裂、固井等项目作业未安排专人指挥车辆；

4.4　未按规定建立健全驾驶员信息管理数据库；

4.5　HSE 计划表未按要求填写或填写不全；

4.6　没有根据任务、道路、天气等情况开展风险识别和制定削减措施；

4.7　未配置齐“三防”工具、消防器材；

4.8　车号牌残缺污损或丢失，车号、放大号模糊残缺；

4.9　违反规定办理车辆保险；

4.10　私车进入作业现场不及时制止和清理。

**5　严重管理违章**

5.1　安排驾驶员载人超过行驶证

核定人数；

5.2　安排驾驶员驾驶带“病”车辆上路行驶的；

5.3　运输作业项目未实施 HSE 作业计划书，单车或客轿车未实施 HSE 作业计划表或未实施路单“三交代”；

5.4　安排与驾驶证准驾车型不符的驾驶员驾驶其他车辆；

5.5　关闭 GPS 车辆管理系统或无人监控；

5.6　对新人员或跟车实习人员未进行培训和签订师徒合同，安排单独驾驶车辆。

**6　重大管理违章**

6.1　将车辆承包（租赁）给单位或个人经营和使用；

6.2　私车公挂；

6.3　安排在停驾期内的违章驾驶人员或肇事人员驾驶车辆的。

## 八、后勤车间

### 1　一般操作违章

1.1　操作车床戴手套；

1.2　在宿舍、工房私自使用电炉；

1.3　挪用消防器材或消防通道不畅；

1.4　开启设备前不进行岗位安全检查；

1.5　电线缠在管材等金属导体上；

1.6　配制、使用、检查、保存有毒有害物质时不戴手套、护目镜和呼吸保护器具；

1.7　在机械旋转部位传递或拿取物件；

1.8　在机械设备(机床)工作台、轨道、滑动面上摆放工具等;

1.9　操作机床等设备时戴围巾和毛巾或长发露在工作帽外;

1.10　行吊启动或起吊时不打铃;

1.11　维修设备时不放置警示牌;

1.12　在电热板上烤食品、手套、衣服等易燃物品;

1.13　在运转设备的护罩上、下穿行;

1.14　设备运行中,离开岗位;

1.15　使用临时用电线路时未经审批,不挂临时用电警示牌;

1.16　在潮湿地面、容器内或金属构架上使用非双重绝缘的手持电动工具工作;

1.17　使用非安全电压灯具做手

持工作灯；

1.18　电器使用完后，长时间未切断电源。

2　严重操作违章

2.1　擅自操作非本岗位设备；

2.2　超限使用设备；

2.3　开动情况不明的电源或动力开关、闸、阀；

2.4　在无人监护的情况下使用升缩梯、人字梯等；

2.5　将实验用腐蚀物或有毒有害物质倒进水槽及排水管道；

2.6　从高处向地面（作业面）扔物件；

2.7　高空建设、改造、维修电网时无人监护；

2.8　私自改造电路和电器设备；

2.9　存放易燃性液体，无接地防静电措施；

2.10　整修车辆不打掩木或放置保险凳；

2.11　生食和熟食、鲜食和剩食混放。

**3　重大操作违章**

3.1　对盛装过易燃易爆物品的容器、管道，未经清洗、风干、置换、检验就进行焊割作业；

3.2　未采取监测与防范措施的情况下进入设备内部、危险区、受限空间、密闭空间作业；

3.3　拆除安全装置；

3.4　保险丝与电线、用电设施负荷不符，或用铜丝等导线代替保险丝。

## 4 一般管理违章

4.1 室外电闸不防水；

4.2 不按规定填写 HSE 相关记录；

4.3 未进行人员能力评价，员工安全教育培训不落实；

4.4 不签订《师徒安全合同》就安排实习人员实习；

4.5 电热板等取暖用设备安装不符合安全要求；

4.6 不按规定配备和维护消防器材；

4.7 管架上不设置挡销；

4.8 随意燃烧废旧料或其他物品；

4.9 不及时整改老化的电力线路；

4.10 宿舍、工房、厂区电线零乱，或存在裸露线头；

4.11 电闸盖缺损或固定螺丝缺失；

4.12 设备运转部位（轮、轴）无护罩或缺失；

4.13 用电设备不接地、接零或不符合标准要求；

4.14 作业现场杂乱，安全通道不畅；

4.15 厂房不通风或排风扇不正常工作。

5 严重管理违章

5.1 随意排放污水、污油；

5.2 安排在易燃易爆场所使用非防爆电器设备或工具；

5.3 检修锅炉不使用安全电压照明；

5.4 不按规定检修保养乙炔气

瓶、氧气瓶等压力容器；

5.5　没有及时组织清理泄洪渠；

5.6　在设备上乱焊、乱割；

5.7　拆除、废弃安全阀和压力表，损坏安全设施、防护设施、警示标志、显示仪表等；

5.8　钢丝绳达到报废标准继续使用；钢丝绳卡子间距或数量不符合标准；

5.9　安全附件超过检验期继续使用；

5.10　对易燃、易爆、剧毒、致病微生物、麻醉品和放射性物质等危险品，未按规定设专用库房，专室专柜储存，未指定专人、双人双锁妥善保管。

## 6　重大管理违章

6.1　锅炉大修后未进行检测。

# 附录一　工程机械操作禁令和沟下作业禁令

## 工程机械操作禁令

一、严禁未经许可操作工程机械

二、严禁使用不合格工程机械

三、严禁无监护人员操作工程机械

四、严禁工程机械载人

五、严禁操作人员脱岗

六、严禁越警戒线作业

七、严禁在不符合要求的工作面上作业

在违反上述禁令情况下，员工有权拒绝作业；所有员工都有权对违反上述禁令的作业行使停止作业权利；

员工违反上述禁令，按照《中国石油天然气集团公司反违章禁令》、《公司员工违章行为记分管理办法（试行）》等规定处理，造成事故的，按照公司《生产安全事故与环境事件责任人员行政处分实施细则》处理。

## 沟下作业禁令

一、严禁未经许可进行沟下作业

二、严禁在不符合设计规范要求的管沟进行沟下作业

三、严禁未采取支护、防护网、防塌棚等保护措施进行沟下作业

四、严禁堆土、设备摆放等距管沟边缘小于 1m 进行沟下作业

五、严禁逃生梯配备少于 2 副进行沟下作业

六、严禁未开展应急演练进行沟下作业

七、严禁未经现场监理验沟合格进行沟下作业

八、严禁无监护人员进行沟下作业

在违反上述禁令情况下，员工有权拒绝作业；所有员工都有权对违反上述禁令的作业行使停止作业权利；员工违反上述禁令，按照《中国石油天然气集团公司反违章禁令》、《公司员工违章行为记分管理办法（试行）》等规定处理，造成事故的，按照公司《生产安全事故与环境事件责任人员行政处分实施细则》处理。

# 附录二　吊装作业指挥手势图解

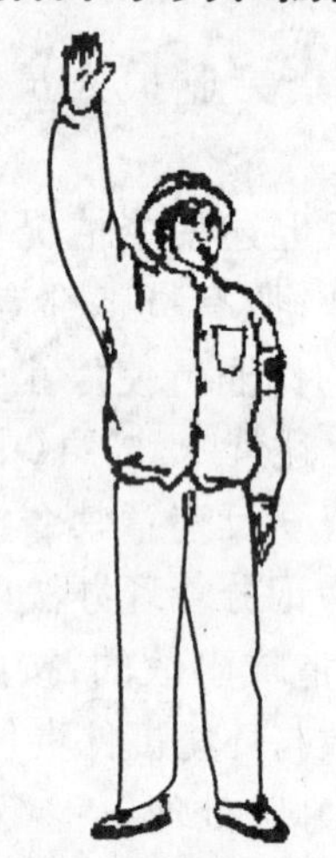

图 1　“预备”

手臂伸直，置于头上方，
五指自然伸开，手心朝前保持不动

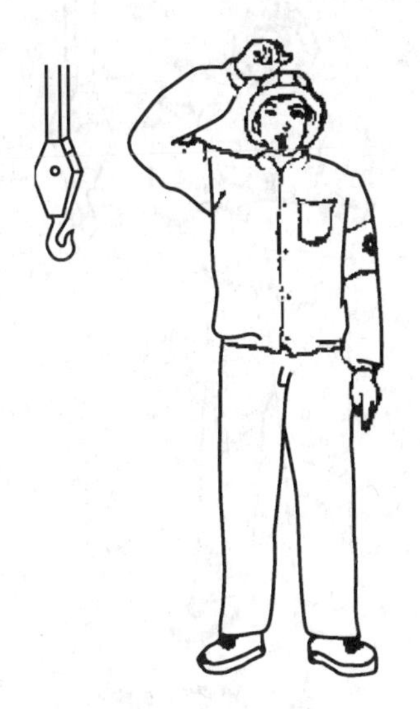

图2　“要主钩”

单手自然握拳,置于头上,轻触头顶

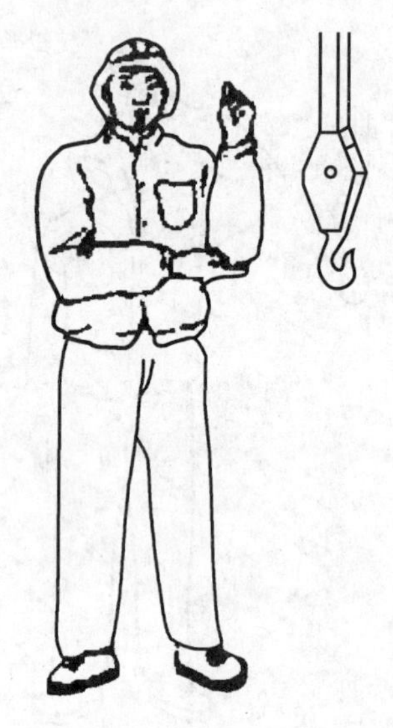

图 3 “要副钩”

一只手握拳，小臂向上不动，

另一只手伸出，手心轻触前只手的肘关节

图 4　“吊钩上升”

小臂向侧上方伸直,五指自然伸开,
高于肩部,以腕部为轴转动

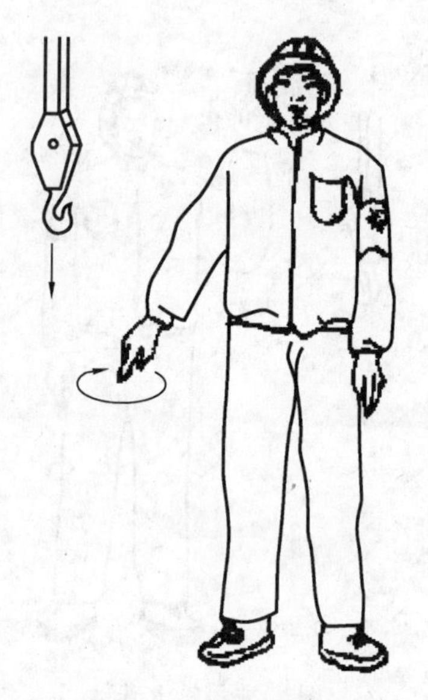

图5 “吊钩下降”

手臂伸向侧前下方,与身体夹角约为30°,
五指自然伸开,以腕部为轴转动

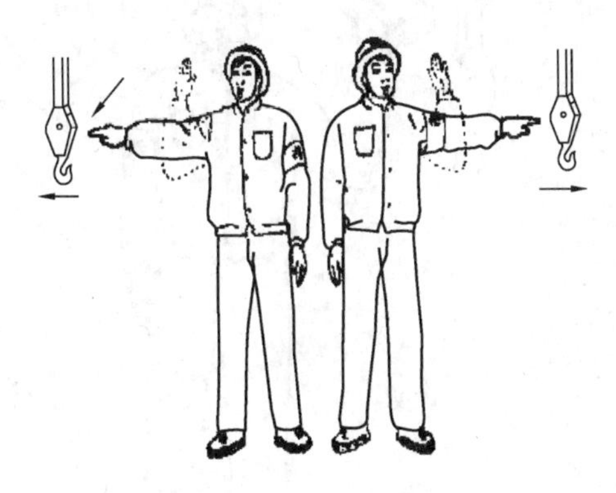

图 6　“吊钩水平移动”

**小臂向侧上方伸直,五指并拢手心朝外,**

**朝负载应运行的方向,向下挥动到与肩相平的位置**

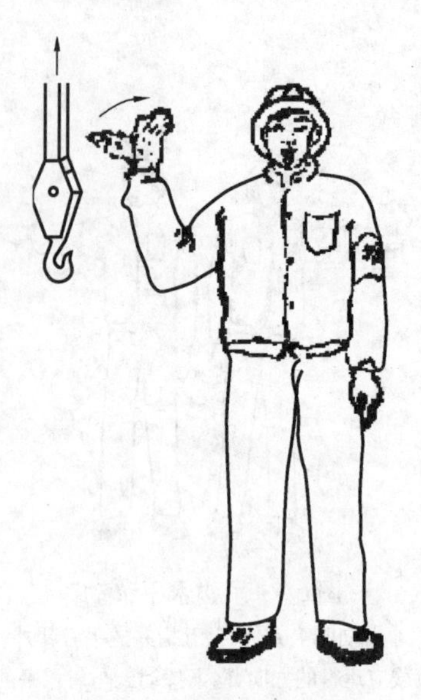

图 7 “吊钩微微提升”
小臂伸向侧前上方，手心朝上
高于肩部，重复向上摆动手掌

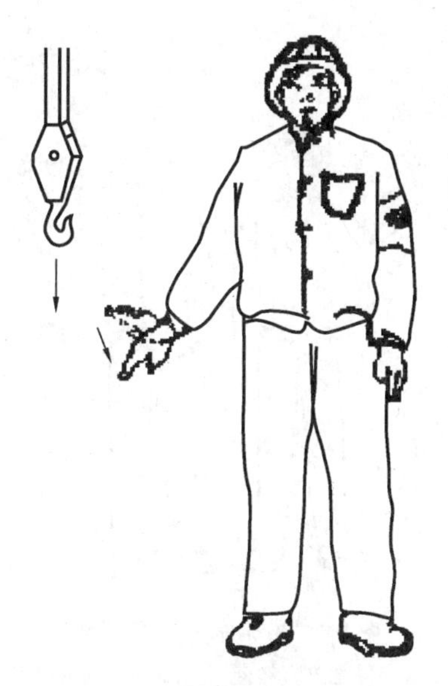

图 8　“吊钩微微下降”

手臂伸向侧前下方，与身体夹角约为 30°，手心朝下，以腕部为轴，重复向下摆动手掌

图9 “吊钩水平微微移动”

小臂向侧上方自然伸出,五指并拢手心朝外,朝负载应运行的方向,重复做缓慢的水平运动

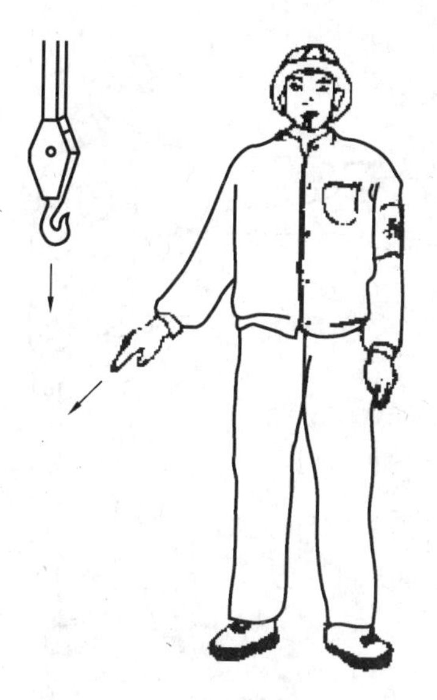

图 10　“指示降落方位”

五指伸直，指出负载应降落的位置

图 11 “停止”

小臂水平置于胸前，五指伸开，

手心朝下，水平挥向一侧

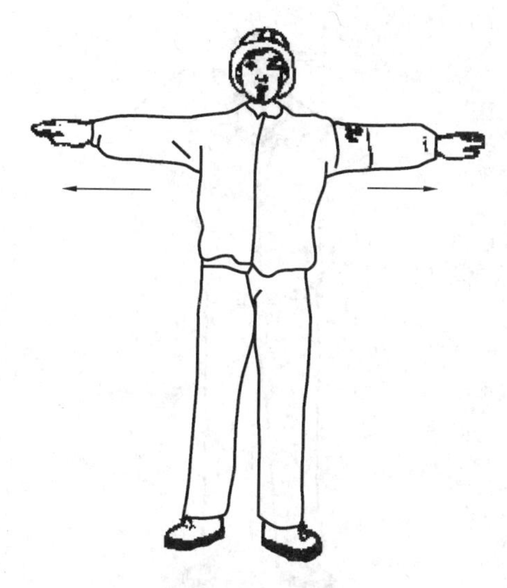

图 12　“紧急停止”

两小臂水平置于胸前，五指伸开，
手心朝下，同时水平挥向两侧

图 13 “工作结束”

双手五指伸开，在额前交叉

图 14　“升臂”

手臂向一侧水平伸直,拇指朝上,

余指握拢,小臂向上摆动

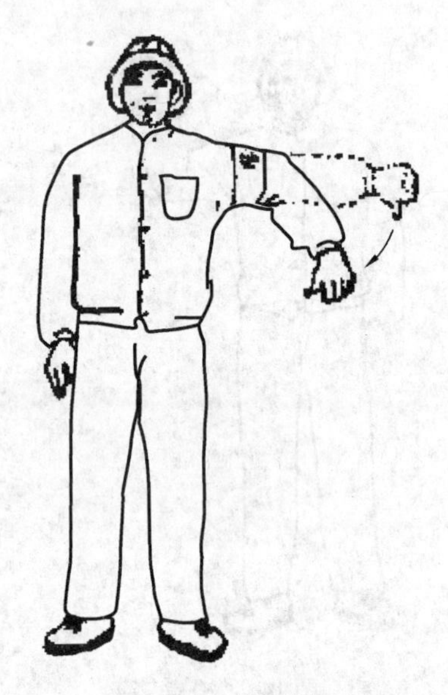

图 15 “降臂”

手臂向一侧水平伸直，拇指朝下，

余指握拢，小臂向下摆动

图 16　“转臂”

手臂水平伸直，指向应转臂的方向，
拇指伸出，余指握拢，以腕部为轴转动

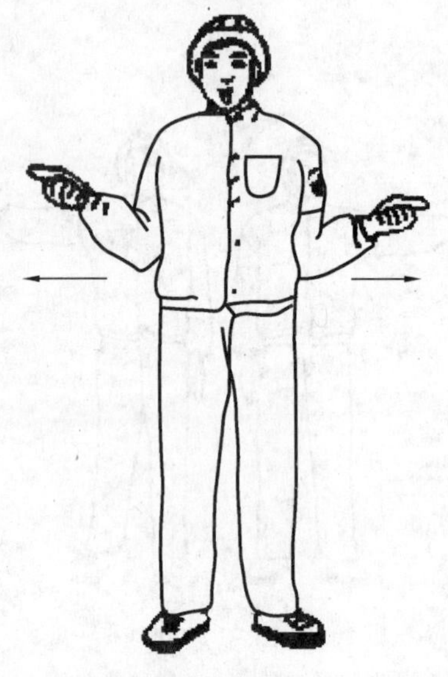

图 17 “伸臂”

两手分别握拳，拳心朝上，

拇指分别指向两侧，做相斥运动

图 18　“缩臂”

两手分别握拳,拳心朝下,

拇指对指,做相向运动

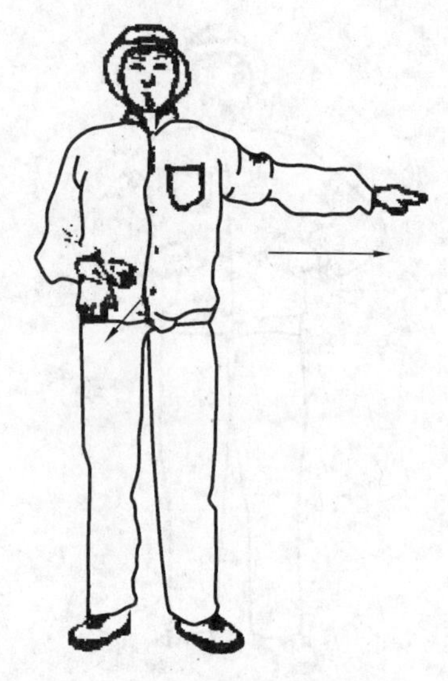

图19 “一方停止,一方落钩”
指挥停止的手臂作“停止”手势,指挥落钩的
手臂则作相应速度的落钩手势

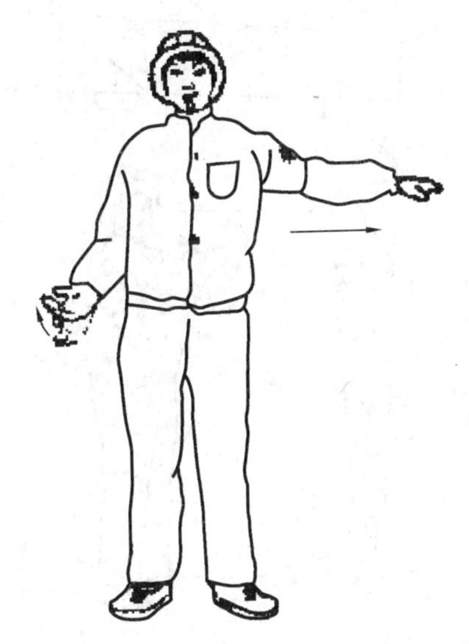

图 20　“一方停止,一方起钩”
指挥停止的手臂作“停止”手势,指挥起钩的
手臂侧作相应速度的起钩手势

图21 “起重机前进”

双手臂先后向前平伸,然后小臂曲起,五指并拢,手心对着自己,做前后运动

图 22 “起重机后退”
双小臂向上曲起,五指并拢,
手心朝向起重机,做前后运动

# 参考文献

张应立.2007. 起重工实用技能手册[M].
北京:化学工业出版社.